W0350201

Brigitte Baumgardt *Ikebana*

Brigitte Baumgardt *Koetsu*

IKEBANA

Die Kunst der lebendigen Blüte

BRUCKMANN MÜNCHEN

Ikebana-Werke	Brigitte Baumgardt
Aufnahmen	Fritz Witzig, München
Keramiken	August Peter Eisenbach, Köln, u. a.
Graphiken	Peter M. Ziller, Herrsching

© 1970 by Verlag F. Bruckmann KG, München.
Alle Rechte, einschließlich jener der Übersetzung, der fotomechanischen Wiedergabe, auch in Auszügen, vorbehalten.
Klischees, Satz und Druck:
F. Bruckmann KG, Graphische Kunstanstalten, München.
Bindung: Grimm & Bleicher, München
Verlagsnummer ISBN 3 7654 1407 7 · Printed in Germany

Inhalt

Worte von Sofu Teshigahara

»Ganz allmählich fängt man im Ausland an zu begreifen, daß das Ikebana etwas ganz anderes ist als das schöne Aufstellen von Blumen. In Japan weiß man das seit Jahrhunderten; denn das Ikebana ist trotz der Höhen und Tiefen, durch die es hindurchgegangen ist, niemals zu bloßer Dekoration herabgesunken. Was es dem Gestalter abverlangt und was es ihm gibt, das beginnt den Ausländer zu interessieren.

Darüber bin ich als Ikebana-Lehrer außerordentlich beglückt, denn wir alle wissen, daß das Ikebana mehr bietet als einen Schmuck für einen festlichen Tisch oder die Tokonoma. Ikebana ist eine Kunst. Diese Überzeugung gehört seit Generationen zu den Grundsätzen der Sogetsu-Schule. Wenn man sich das aus der Sogetsu-Schule hervorgegangene Ikebana und seine Techniken ansieht, wird man erkennen, wie nahe es der Bildhauerei steht. Statt Granit oder Marmor benutzen wir Blumen oder anderes natürliches Material. Diese lebenden Dinge formen wir wie der Bildhauer seinen Ton oder seinen Gips.

Gerade darin liegt der Unterschied zwischen Blumenbinderei und Blumensteckerei auf der einen und dem Ikebana auf der anderen Seite. Man erkennt das Wesen der Blumen, man studiert die Geschichte der Blumenkompositionen, und wenn man alle Regeln erlernt und alle Techniken gemeistert hat, beginnt man zu formen. Und dann geschieht etwas Wunderbares. Aus einer Handvoll Blumen und einem Tablett voll Blätter entsteht etwas grundsätzlich anderes als die Summe ihrer einzelnen Teile. Sie sind zu etwas Neuem kombiniert und umgeschaffen worden, zu einem Ikebana, in dem sowohl der Geist der Blumen als auch das Herz des Gestalters zum Ausdruck kommt. Menschliches ist in die Natur eingedrungen und hat aus ihr ein Kunstwerk gemacht, über das man nachsinnen kann. So schaffen wir unsere lebenden Skulpturen, jede anders, jede mit einer eigenen Individualität ausgestattet – genauso, wie jede Blume ein Individuum ist und wie jeder Mensch eine eigene Persönlichkeit.«[1]

I Tänzerische Pose

2 Ruhe

3 Windspiel

4 Zukunftsvision

5 Besentanz

6 Gedanken I

7 Gedanken II

8 Schwere des Herbstes

Eigenart des Ikebana

Ikebana vom Wort her heißt: Blumen lebendig machen. »Ikeru« bedeutet: lebendig sein, lebendig erhalten; »bana« heißt: Blume, Blüte. Die Kunst »Ikebana« wäre demnach die Kunst, Blumen lebendig zu machen[2], oder kurz: die Kunst der lebendigen Blüte.

Wenn hier davon gesprochen wird, Blumen »lebendig« zu machen, so ist das nicht etwa in dem Sinne gemeint, sie haltbar zu machen oder ihr Leben durch Chemikalien oder Wasser zu verlängern, sondern mit Hilfe von Blüten und Zweigen eine Form zu gestalten, die innerlich voll lebt: Blüte und Zweig werden durch diese Form auf neue, andere Weise lebendig.

Der Name Ikebana kennzeichnet den Ursprung dieser Kunstart. Er drückt nicht mehr deren ganzes Wesen aus. Ikebana hat inzwischen den mit diesem Wort bezeichneten Rahmen überschritten. Es hat wohl vorwiegend, aber keineswegs nur mit Blumen zu tun. Ikebana stellt sich uns heute dar als jene Kunst, die teils direkt, teils nur indirekt an pflanzlich-organisches Material gebunden ist und die vom »Blumenhaftigen« bzw. vom Leben der Blume durchdrungen ist. Entsprechend der verschiedenen Materialwahl lassen sich zwei Arten des Ikebana unterscheiden: florales Ikebana und non-florales Ikebana. Florales Ikebana bedient sich vorwiegend pflanzlich organischer Materialien (z. B. Blüten, Zweige, Blätter, Gräser, Farne, getrocknetes und gebleichtes Pflanzenmaterial) meist in Verbindung mit kunstvollen Gefäßen. Non-florales Ikebana bedient sich vorwiegend verschiedenster anorgani-

scher Materialien (z. B. Metall, Glas, Zement, Gips, Kunststoff, Gestein) sowie des Holzes (z. B. Baumwurzeln, Holzstämme, Holzblöcke, Bretter). Die Grenze ist freilich nicht allzu scharf zu ziehen.
Es gibt nahezu rein florale Werke (z. B. Abb. Nr. 23) und nahezu rein non-florale Werke (Abb. Nr. 29, 32). Sehr häufig aber mischen sich florale und non-florale Elemente (z. B. Abb. 2, 4). Gerade durch die Vereinigung des organischen mit dem anorganischen Material entwickeln sich wieder eine Vielzahl neuer Formen und Richtungen. Diese Entwicklung hat sogar dahin geführt, daß Formen wie das Ikebana-Relief (Abb. Nr. 27) und das Ikebana-Mobile (Abb. Nr. 28, 30) entstanden sind. Selbst Ansätze zu einer Ikebana-Malerei sind festzustellen. Das Gemeinsame all dieser Differenzierungen aber ist die Bindung an das »Blumenhaftige«.

Ursprung und Stilepochen des Ikebana

Ikebana hat eine lange Entwicklung hinter sich. Man kann folgende vier Stilepochen unterscheiden:

Rikka-Epoche, etwa vom 14. Jahrhundert an,
Shoka- oder Seikwa-Epoche, etwa ab 1688,
Moribana- und Nagëire-Epoche, etwa ab 1897,
Epoche des progressiven Ikebana, ab 1926[3].

Das Ikebana hat sich in den buddhistischen Tempeln aus dem Blumenopfer entwickelt. Der Buddhismus und die ihn begleitende Kultur drangen im 7. Jahrhundert aus China über Korea nach Japan ein.[4] Im Buddhismus besteht das rituelle Tempelopfer ausschließlich in Vegetabilien, weil die Lehre verbietet, Tiere umzubringen, zu welchen Zwecken es auch sei. Was man den Göttern und den Toten weihte, waren hauptsächlich Pflanzen- und Blumenopfer.[5] In ihnen kann man eine bedeutende Wurzel des Blumenordnens sehen; sie für die erste Ausprägung einer eigenen Kunstart zu halten, dürfte jedoch zu weit gehen. Was die Anordnung der Opferblumen zum Kunstwerk werden ließ, ist anderswo zu suchen. Nicht die religiöse Sitte selbst hatte die künstlerische Anordnung hervorgerufen, sondern ein sie begleitendes und mit ihr eng verbundenes, von ihr mit angeregtes ästhetisches Bewußtsein, das seinen eigenen ersten künstlerischen Ausdruck, weitgehend losgelöst von dieser religiösen Sitte des Blumenopfers, in der Muromachi-Zeit (1337–1537) fand. In dieser Zeit erst hat sich Ikebana als eigene Kunst herausgebildet.[6] Allerdings entwickelte sie sich auch zu dieser Zeit als Tempelkunst:

Insbesondere durch ihre Liebe zur Natur und durch die Betrachtung der chinesischen Landschaftstuschbilder, die den japanischen Tempel schmückten, wurden die Mönche angeregt, eine Landschaft aus Blüten und Zweigen darzustellen. Die Tempel waren damals nicht nur Stätten des religiösen Lebens, sondern überhaupt die zentralen Stätten des kulturellen Lebens und des Studiums. Die erste eigene typische Ikebana-Stilart fand daher ihren Platz innerhalb der Tempelkunst. Diese Stilart nannte man Rikka, d. h. aufgebaute Blumen (Abb. 2).[7]
Das feststehende Grundmotiv war die Darstellung einer »Landschaft«.[8] Sie galt zugleich als Symbol des Universums.[9]

Abb. 1

Eine »komprimierte« Landschaft wurde rekonstruiert (Abb. 1), dann auf ihre elementare räumliche Erscheinung zurückgeführt, vereinfacht und in künstlerischen Verhältnissen neu ausgedrückt. Dies vollzog sich besonders in den Werken der Ikenobo-Schule, die sich zur offiziellen Schule entwickelte. Sie wurde vom kaiserlichen Hof und von allen, die sich damals intensiv um Kultur bemühten, begünstigt.

Im gezeigten Rikka-Beispiel (Abb. 2) erkennt man kräftig gekrümmte Äste von Wacholderzweigen, die die Berge andeuten. Die Linie der Blüten läßt an einen Wasserfall denken. Die waagerechte Linie, die durch Blüten und Zweige dargestellt ist, zeigt die Ebene an. Die Komposition der Linien von

Abb. 2

Zweigen und Blüten läßt alles in besonderer Ordnung emporragen zu einem außergewöhnlichen, harmonischen, klaren Gesamtbild. Es ist ein hoheitsvolles in sich ruhendes Gebilde.

Der Rikka-Stil wurde schließlich so abstrahiert, daß man eine Landschaft darin nicht mehr erkennen konnte. Die Struktur des Rikka und die vielen strengen Rikka-Regeln blieben jedoch bestehen.

Für die weitere kulturelle Entwicklung Ostasiens wichtig und für die japanische Kultur sogar entscheidend wurde der Zen-Buddhismus.[10] Im späten 15. Jahrhundert entwickelte die strenge und einfache Zen-Ästhetik ihre eigene einfache und strenge Form der Blumenanordnung, das Chabana oder auch regelloses Nagëire genannt[11], als eine notwendige Ergänzung für die Teezeremonie (Abb. 3). Chabana heißt: Teeblumen, Nagëire: einwerfen, hineinwerfen. Diese Anordnung, bestehend aus nur wenigen Zweigen und Blüten, stellte einen großen Kontrast dar zum Rikka. An die Stelle des Komplizierten trat das Schlichte und Einfache. An die Stelle der großen Anordnung trat eine kleine Anordnung. Statt vieler Zweige brauchte man nur wenige.

Unter dem Eindruck beider Extreme entwickelte sich das Bedürfnis nach einem Stil, der Wesentliches von beiden vereinigte. Dieses Bedürfnis, Altes und Neues zu verbinden, fand sich besonders bei der neu aufsteigenden Gesellschaftsschicht, bei den zu Wohlstand gelangten Bürgern.[12]

Aus der Rikka-Kunst, die bisher das Monopol des Hofadels und der gebildeten Priesterschaft war, ging eine Richtung hervor, die imstande war, die Ansprüche jener gehobenen Mittelstandsschicht zu befriedigen, die an der bisherigen Bildung wenig Anteil hatten. Diese Bürger verlangten nach einer ihrem einfachen Geschmack entsprechenden Kunstform. Sie wollten eine vereinfachte Wiedergabe der Welt, des Lebens und ihrer unmittelbaren Umgebung, kein kompliziertes Gebilde, das sie nicht verstanden und nicht in ihr Haus stellen konnten.[13]

Inspiriert durch die Maler jener Zeit, schufen um 1688 Künstler der Ikenobo-Schule einen neuen Stil, den »Shoka« – bzw. »Seikwa«-Stil; sho und sei bedeuten lebendig, ka oder kwa heißt Blume.[14] Einige Künstler lösten sich von der Ikenobo-Schule und gründeten eigene Schulen, z. B. die Ko-ryu-Schule, die Enshu-Schule und andere, die sich voneinander in der Terminologie und in den Regelsystemen unterschieden. Am Grundanliegen des Shoka-Stils hielten sie fest.[15]

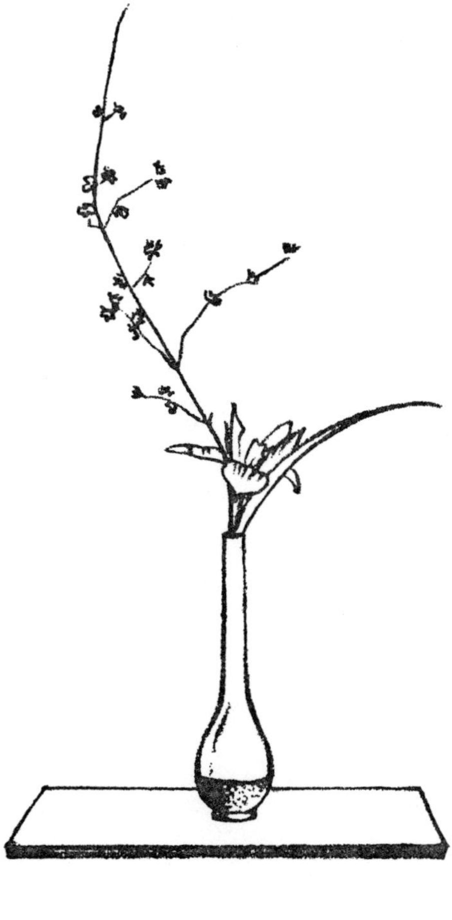

Abb. 3

Der Shoka-Stil ist beherrscht von der Idee des Lebens, vom Lebensmotiv.[16] Der hierbei zum Ausdruck kommenden Auffassung vom Leben liegt jedoch eine sehr statische Vorstellung zugrunde. Die Shoka-Form stellt Anfang und Ende als Pole, als polare Bedingungen des Lebens dar, ausgedrückt durch die aufstrebende Form. Der Mensch steht eingespannt zwischen Himmel und Erde. Der höchste Zweig symbolisiert den Himmel, die Mittellinie symbolisiert den Menschen und die dritte Linie die Erde. Unter dem Einfluß des Konfuzianis-

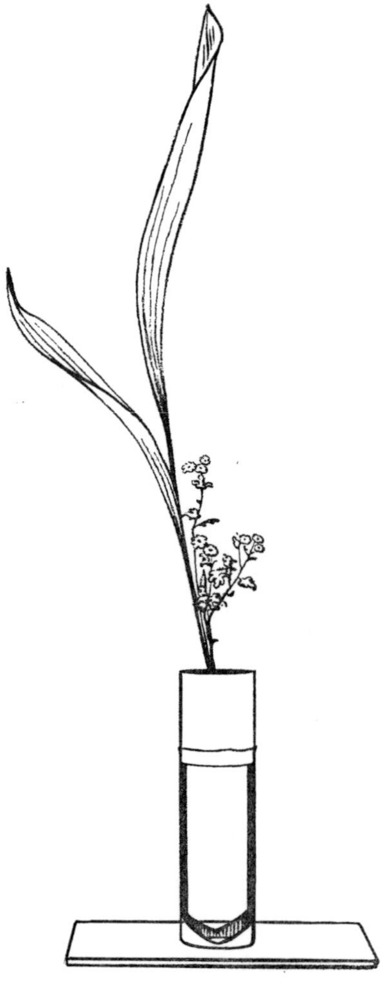

Abb. 4

9 Muse

10 Wegweiser

11 Zärtliche Gefühle

12 Strebungen

14 In Erwartung

16 Gestern

mus sieht man die Welt eingeteilt in drei Sphären, nämlich den Himmel, die Menschen und die Erde, von denen der erstere die beiden anderen beherrscht.[17] Der Shoka-Stil wird dementsprechend auf der Grundlage eines (ungleichseitigen) Dreiecks aufgebaut. Dieses Aufbauprinzip prägte mehr oder weniger alle späteren Stilformen.

In der Komposition des Shoka-Stils (Abb. 4) berührt uns das Schlanke, das Verborgene, so wie die Haltung eines Menschen uns beschäftigen kann oder der Wuchs eines Baumes unsere Aufmerksamkeit beansprucht. Dieser Stil erlangte große Popularität wegen seiner Einfachheit in Form, Struktur und Wirkung.

Die Auflösung des Tokugawa-Shogunats leitete in Japan um 1868 grundlegende Veränderungen im Leben der Nation ein. Japan wurde von einem Fortschrittsenthusiasmus ergriffen und begann westliche Kultur in sich aufzunehmen. Angeregt durch neues westliches Pflanzenmaterial und vielleicht auch westliches Stilempfinden entwickelte Ushin Ohara 1897 einen neuen Stil, den »Moribana«-Stil, und setzte Konstruktionen und Regeln fest für den »Nagëire«-Stil.[18] Er gründete die Ohara-Schule und öffnete durch die Abkehr von den »klassischen« Stilen den Weg für das spätere progressive Ikebana. Moribana heißt »gruppieren von Blumen« und wird heute gebraucht als Terminus für Ikebana in flachen Gefäßen; Nagëire dient als Begriff für Ikebana in hohen Gefäßen.[19]

Ohara löste sich mit seinen Konstruktionen von dem Symbolschema sowie vom bisherigen Form- und Motivschema.[20] In seinen Werken will Ohara das Dynamische des Lebens mit seinen Höhen und Tiefen, die Eigenart der verschiedenen Lebensstadien, darstellen. Er übersetzt die Anregungen, die er durch die Natur und Welt um sich gewinnt, in Formen von nüchterner Einfachheit.

In einem seiner Werke hat er beispielsweise die Melancholie des Herbstes eingefangen (Abb. 5). Sein Moribana- und Na-

gëire-Stil fanden während der Taisho-Ära 1912–1925 große Anerkennung.
Beeinflußt durch die westliche Kunst und die modernen Formen des Lebens sowie durch Ohara's Stile leitete Sofu Teshigahara 1926 die Phase des progressiven Stils ein. Die von ihm neu gegründete Sogetsu-Schule wurde führend in dieser Richtung. Die Grundeinstellung, die diesen Stil charakterisiert, umschließt Offenheit für alles Neue und für die Mannigfaltigkeit der Formen sowie Betonung der Individualität und Originalität auf der Basis der Beherrschung der Elementarstile.[21]

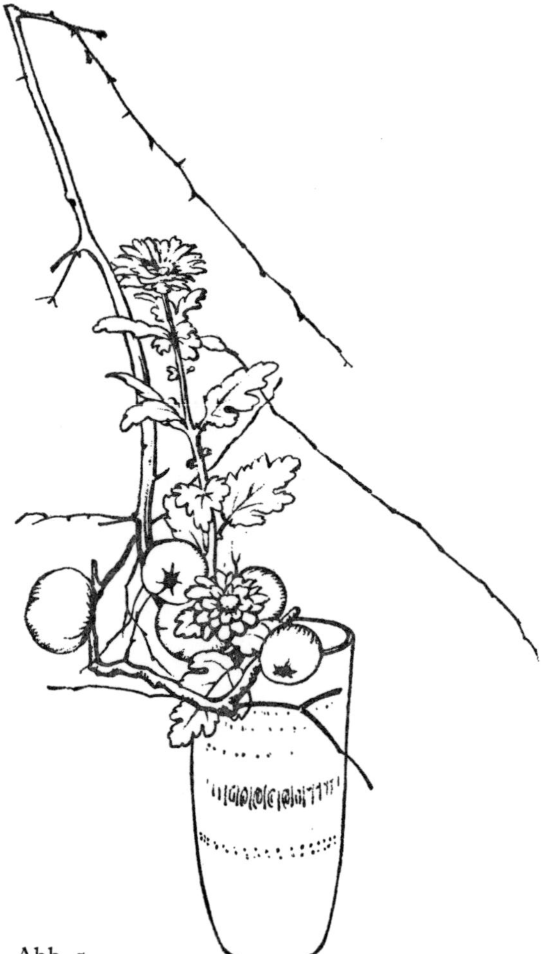

Abb. 5

Der Ikebana-Künstler dieser Richtung ist nicht mehr an ein vorgeschriebenes Schema gebunden. Er kann die Form beliebig wählen. Die heutigen Ikebana-Künstler tragen ihre Formwünsche an die verschiedensten Materialien heran und lassen sich zu ihren Formen von den verschiedensten Materialien mitinspirieren. Eine wahre Invasion von Materialien, von Werkstoffen und Hilfsmitteln hat stattgefunden, die in der Vergangenheit als ikebana-unwürdig erachtet worden wären wie Metall, Blech, Holz, gefärbtes und gebleichtes Pflanzenmaterial, Gips, Zement oder Glas. Sofu Teshigahara bearbeitet beispielsweise bizarre Wurzeln, fügt sie unter Zuhilfenahme von Metallfolien und Farben zu einem ausdrucksvollen Gebilde zusammen (Abb. 6).
Durch diese Ausweitung des Stoffarsenals haben sich die Grenzen dessen, was Ikebana heißt, nicht nur erweitert, sondern auch zur Bildhauerei hin verwischt. Es entstand das

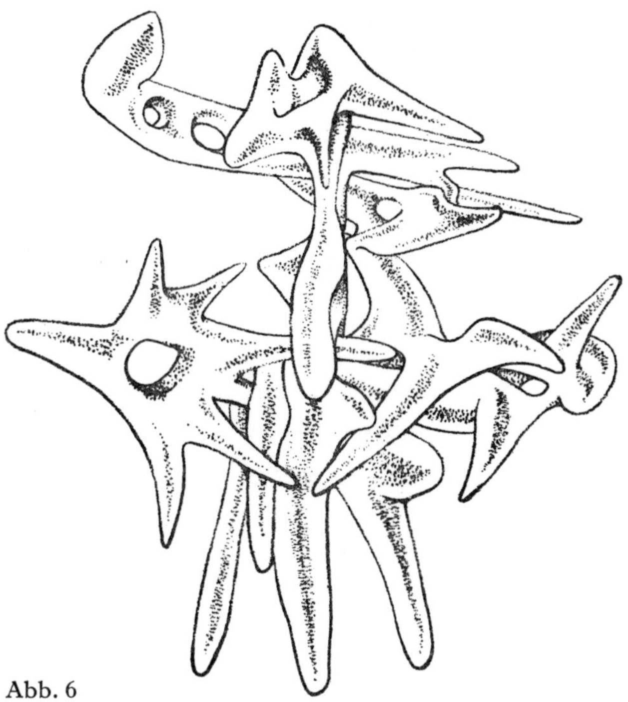

Abb. 6

non-florale Ikebana, Werke aus Metall, Holz, Glas, Stein u. ä., aber gestaltet nach Ikebana-Art und unter typischer Ikebana-Materialeinstellung.
Überblickt man die Wandlungen des Ikebana im Laufe seiner Geschichte, kann man folgendes feststellen: Ikebana entwickelte sich von einer im Motiv gebundenen zu einer in der Motivwahl nicht gebundenen Kunst, von einer Tempelkunst zu einer profanen Kunst, von einer symbolgebundenen zu einer weitgehend symbolfreien Kunst, von einer streng geregelten zu einer in ihren Regeln variableren Kunst.
Heute steht das non-florale neben dem floralen Ikebana und ist mit ihm eng verbunden in der Weise, daß sich florales und non-florales Ikebana gegenseitig ergänzen und fördern.
Die Öffnung des japanischen Kulturraumes nach Westen und gegenüber westlichen Einflüssen gestattete es auch den Angehörigen anderer Kulturkreise, Ikebana kennenzulernen und zu erlernen. Die von Ohara und Teshigahara eingeleitete Entwicklung, die westlichem Kunstempfinden sehr entgegenkam, ermöglichte es vielen Nichtjapanern, Zugang zum Ikebana zu finden und Freude am Ausüben des Ikebana zu gewinnen.
Freilich erlernten viele Nichtjapaner nur die Anfangsgründe dieser Kunst. Daher ist das künstlerische Niveau ihres Ikebana oft nicht sonderlich hoch.[22] Inzwischen gibt es jedoch auch schon außerhalb Japans Ikebana-Künstler, die sich mit den großen japanischen Künstlern auf diesem Gebiete messen können. Bekannt geworden durch ihre Werke sind insbesondere Norman Sparnon in Australien, Jenny Banti Pereira in Italien und Rachel E. Carr in den USA.

Bedingungen des Ikebana-Werkes

Die vielen Erscheinungsformen des Ikebana inner- und außerhalb Japans, die oft von sehr unterschiedlicher künstlerischer Qualität sind, verleiten auch zu manchem Fehlurteil über Ikebana.[23] Daher erscheint es mir erforderlich, auf einige Grundbedingungen des Ikebana-Werkes hinzuweisen. Aus ihnen wird deutlich, daß Ikebana weder mit einem Anwenden symbolgeladener klassischer Regelsysteme noch mit einem bloß gefühlvollen Anordnen von Blumen, weder mit Blumensymbolik noch mit Blumendarstellung identisch ist.

Das Betrachten der Stilepochen läßt als Grunderfordernis des Ikebana deutlich werden, daß Ikebana schon von seinen Anfängen her nicht etwa eine bestimmte Blume oder Pflanze darzustellen hat, sondern daß Blume oder Zweig in den Dienst einer künstlerischen Idee zu treten haben. Daher kann man Ikebana schon von seinen klassischen Stilformen her als eine abstrakte Kunst bezeichnen.

Nach Diemer will abstrakte Kunst nicht das Vordergründige darstellen, sondern das Wesentliche.[24] Kandinsky spricht davon, daß jeder beliebige Gegenstand seinen eigenen inneren Klang habe.[25] Ihn gilt es hier zu finden und auszudrücken.

Allein durch das intensive Sichbeschäftigen mit der Natur sowie durch Eindringen und Sichhineinversetzen in die Natur konnten Japaner diese Formen schaffen und so das Wesentliche und Hintergründige der Natur durch Linien im dreidimensionalen Raum, die ja ein gewisses Eigenleben haben, darstellen.[26] Der Ikebana-Künstler will Wesentliches einfangen und darbieten. Ursprünglich wollte man den Weltkosmos

im Rikka durch »Landschaft« erfassen, später das Leben des Menschen zwischen den Polen Himmel und Erde, schließlich Lebensausschnitte usw. Auch der heutige Ikebana-Künstler sieht das Bedeutungsvolle, die eigene Ausdrucks- und Eindrucksmöglichkeit beispielsweise eines Zweiges oder einer Blüte, den »inneren Klang«, den sie haben bzw. erzeugen können, und er sucht eine von der Realität abstrahierte Idee vom »Blumenhaftigen« her zu gestalten. Den Künstler treibt es, nicht etwa Zweige oder Blüten als solche darzustellen, sondern sie (als Medien) in einen Ausdruck zu fassen.
Für ihn gilt, was Lützeler von jedem Künstler sagt: »Der Künstler löst sich gestaltend von den Realitäten, nicht um fessellos zu werden, sondern um eine neue Bindung einzugehen. Sein Freiwerden ist nicht eine Freiheit von etwas, sondern eine Freiheit zu etwas.«[27] In diesem Akt erhält das Werk eine eigene, allein von ihm verantwortete Mitte. Daher werden auch der Zweig oder die Blüten aus dem naturgesetzlichen Zusammenhang der Pflanzen herausgenommen. Sie treten in neue, kunstgesetzliche Zusammenhänge im Werk. In dieser gestaltenden Abstraktion wird wieder Realität ausgedrückt, jedoch auf andere Weise, auf die Weise der Kunst.[28] Der plastisch schaffende Künstler gibt der Realität durch Gestaltung eine neue dreidimensionale Form, indem er Volumina zueinander in Beziehung setzt. Zugleich ist die dreidimensionale Linienkomposition, die Materialstrukturkomposition und die Farbkomposition sowie das Zusammenspiel all dessen zu beachten.
In dem abstrakten Ikebana-Werk manifestiert der Künstler auch sich selbst. Es trägt den Stempel seiner Persönlichkeit. Es ist immer »sein« Werk, sosehr er auch dahinter zurücktritt und sosehr sein Werk jeweils zweifellos auch mitbedingt ist durch die Kultur der Gesellschaft, in der er lebt. Es ist daher durchaus nicht so, daß jedes Ikebana-Werk etwa immer von einem »Hauch Nippons« umgeben sein muß. Da freilich Japan

das Ursprungsland und sozusagen die Hochburg des Ikebana ist, steht jeder Ikebana-Schaffende auch unter dem Einfluß der japanischen Kultur, und er weiß insbesondere die künstlerische Fruchtbarkeit des Meditativen zu schätzen, aber er schafft deshalb nicht etwa »japanische« Kunst oder eine Kopie des Japanischen. Sosehr sich der Schüler auch an klassische Vorlagen und Grundmodelle der Stilformen anlehnt, und sosehr die Lehrer all dies pflegen und selbst immer wieder vertiefend studieren, das Meisterwerk zeugt von der Kreativität und Originalität des Künstlers und ist unverkennbar Ausfluß seines persönlichen Werdens, Ringens und Gestaltungsstiles.

Das Ikebana-Werk aber ist nicht allein bedingt durch dieses persönliche Kunstwollen, sondern zu ihm gehört auch ein ästhetisch-technisches, strukturierendes Können. Es besteht darin, die Elemente des Ikebana ästhetisch zu verarbeiten, und zwar insbesondere durch das Aufspüren tragender Kräfte, durch eine klare Anlage des Aufbaues der Kräfte, durch das Wirksamwerdenlassen der Kräfte, durch das Einordnen der Kräfte in ein Ganzes und durch Aufheben bzw. Ausgleichen dieser Kräfte zu einer eindrucksvollen Gesamtstruktur.

So wird z. B. die Waagerechte eines Zweiges durch den senkrechten Stand eines anderen Zweiges weitgehend aufgehoben, ebenso das Maß »groß« durch »klein«, die Proportion »breit« durch »schmal«. Eine Fläche wird weitgehend aufgehoben durch eine andere zu ihr in Beziehung stehende, eine Farbe wird durch eine andere ausgeglichen usw. Klassische Ikebana-Konstruktionen, die auf diese Aufhebung zielen, dienen heute noch als Grundlagen bzw. Vorbilder dieser Kunst. Auch das ungleichseitige Dreieck, das als Konstruktionsgrundlage eine asymmetrische Gestaltung ermöglicht, wurzelt in diesem Prinzip.

Das plastische Ikebana-Werk geht letztlich auf ein dreidimensionales Gefüge von Linien zurück. Deshalb muß man die

Linien, die die Wirklichkeit, besonders die Natur uns bietet, studieren, und man muß lernen, diese Linien sinnreich anzuwenden; denn gerade die (plastisch gefaßte) Linie drückt etwas aus, das sich sonst schwer fassen läßt, weder ganz so in Farben noch in Gesten, weder in Worten noch in Tönen. Sie spricht eine eigene unentbehrliche Sprache. Das Ikebana-Werk besteht aus einer (inneren) Bewegung von solchen Linien im Raum; denn Raum ist das Verhältnis von Flächen zu Flächen, Fläche wiederum besteht aus einem Verhältnis von Linie zu Linie. Indem der Künstler hiermit arbeitet, versucht er alles, um die Anordnung zu einer plastischen Klarheit eindrucksvoller Bewegung zu bringen. Linien können im Grenzenlosen verebben. Ihr Steigen oder Fallen, ihre Schnörkel oder offenen Kurven sind mögliche Zeichen für Aussagen über das Dasein.[29] Der Künstler muß fähig sein, sich ihrer zu bedienen. Seami, ein Künstler des 13. Jahrhunderts, schreibt in seinem Buch: »Wenn ihr nicht das Repertoire vollständig beherrscht, kann es zuweilen geschehen, daß euch die Blüte entgleitet.«[30] Das erfordert ein gründliches und unablässiges Lernen und Üben. »Können ist kein Besitz, sondern Bewußtsein von grenzenlosem Fortschreiten«[31], sagt er an anderer Stelle.

Freilich, selbst mit dem künstlerisch-ästhetischen Können ist es noch nicht getan. Das Ikebana-Werk ist wie jedes Kunstwerk ein mehrstimmiges Gebilde. Es ruht auch auf dem Werkstoff. Daher ist ein Verhältnis zum Werkstoff sowie eine Beherrschung des Werkstoffs und der dazu erforderlichen Werkzeuge, Hilfsmittel und Arbeitstechniken unbedingt notwendig. Die Vielfalt der Techniken, Werkzeuge, Hilfsmittel, Kniffe, Fertigkeiten und notwendigen Kenntnisse wächst ständig. Lehrbücher und langjähriges Lernen können einführen. Ein »Auslernen« gibt es nicht.

Das Gestaltungsmaterial im Ikebana sind pflanzlich-organisches Material und anorganisches Material als Träger des Ausdrucks.

17 Leichte Last

18 Lebenskampf

19 Alte Verbundenheit

20 Gelassenheit

21 Klang eines Gefäßes

22 Gruppierung

23 Morgen

24 Novemberig

Mit jedem Material ist eine spezifische Stimmungszone verbunden.[32] Das florale Material besitzt eine Stimmungszone ganz eigener Art, die sich von der eines anderen Materials beträchtlich unterscheidet. Es kann sein, daß gerade diese eigengeartete Stimmungszone viele Menschen besonders anspricht und künstlerisch anregt und daß sich besondere Ideen gerade mit dieser Stimmungszone vorzüglich ausdrücken lassen. Überall, wo etwas Lebensdynamisches ausgesagt werden soll, erweist sich dieses Material als besonders gut geeignet. Selbst wenn der Ikebana-Künstler non-florale Werke schafft, schlägt sich die am floralen Material gewonnene Materialempfindlichkeit und Einstellung sogar beim Bearbeiten von Metall, Holz, Zement und ähnlichem nieder. Der Ikebana-Künstler bevorzugt aber immer wieder das pflanzliche Material. Er geht von diesem Material aus und kehrt zu ihm wieder zurück. Gerade beim Wechsel von floralem Material zu non-floralem Material muß er sich jedoch dessen bewußt sein, daß jeder Werkstoff anders gestimmt ist und dementsprechend auch unvertauschbar ist. Eine Blüte oder einen Zweig kann man nicht ohne weiteres durch anderes Material ersetzen und umgekehrt. Darüber hinaus gibt es auch innerhalb des Pflanzenmaterials selbst Materialien, die ebenfalls ihre arteigene, unvertauschbare Stimmungszone besitzen. Betonte Individualitäten sind beispielsweise die Krüppelkiefer, die Hängeweide, die Seerose und die Wurzel. Dagegen ist z. B. bei Ginster, Weide, Buche und Rose die Stimmungszone unliniert, unkonturiert, fließend. Sie haben gleichsam einen wandelbaren Charakter. Entsprechend sind hier viele verschiedenartige Kunstschöpfungen im gleichen Material möglich. Dagegen kann nicht ein und dasselbe Werk einmal mit diesem, ein andermal mit jenem Material gestaltet werden, ohne seinen Charakter entscheidend zu ändern.

Gerade die Blüten und Zweige haben eine ausgeprägte Eigengesetzlichkeit und eigene Bedingungen, die man berücksichtigen muß. Man darf sie nicht in eine Form pressen, die ihrer Eigenart nicht entspricht. Auf Grund dieser Tatsache ist vom Künstler Materialempfindlichkeit, Materialneigung und Materialstrukturkenntnis gefordert. Kennt er die möglichen Materialien nicht, ist er nicht materialverbunden oder ist er sensitiv stumpf, so wird er nicht die richtige Wahl des Materials treffen, das gewählte Material schlecht bearbeiten und für die Ganzheit des Werkes nicht fruchtbar machen.

Eine wirklich schöpferische Verwandlung des Stoffes kommt nur dann zustande, wenn er vom Sinn des Werkes ergriffen wird. Sonst entsteht ein sinnloses Hantieren mit dem Material. Der bloße Umgang mit dem Material, das »Spiel« mit dem Material hat allerdings eine mögliche Bedeutung auf der Vorstufe des eigentlichen künstlerischen Schaffens. Es kann Ideen wecken und inspirieren. Es hat zweifellos eine Anreizwirkung für den Künstler. Aber, wenn er mehr will als bloß schönes oder interessantes Material darstellen, nimmt es ihm nicht die Entscheidung der Materialwahl und der Materialbearbeitung ab. Die Wahl des Werkstoffes im Ikebana hängt also auch mit dem Sinn des jeweiligen Werkes zusammen.

Der Künstler zeigt im Umgang mit dem Werkstoff verschiedene Verhaltensweisen. Er kann stoffnahe, aber auch stofffremd sein. Er kann in ein bloßes Demonstrieren technischen Könnens und in ein bloßes Darstellen des Materials abirren. Manches Material verführt geradezu zum »Verrat an der Kunst«. Vorwiegend materialautonom sind beispielsweise Kala, Orchidee, manche Lilienarten. Mit Ihnen wird oft nur die äußere Schönheit (das Naturschöne) zur Geltung gebracht. Sie tritt dann an die Stelle persönlicher Formkraft. Im geglückten Werk dagegen ist der Zweig, die Blüte, das Gefäß niemals autonom, sondern nur ein Element im Ganzen des Werkes.

Gerade von diesem bevorzugten Werkstoff, dem pflanzlich-organischen, droht dem Ikebana-Werk eine besondere Gefahr, nämlich die Gefahr schneller Vergänglichkeit. Es tritt oft die Frage auf, ob man ein solches Werk aus Blüten und Zweigen wegen seiner schnellen Vergänglichkeit überhaupt ein Kunstwerk nennen kann. Steinplastiken haben fast »ewigen« Bestand. Metall- und Holzplastiken halten schon nicht ganz so lange. Non-florale Ikebana-Werke sind ähnlich dauerhaft. Recht kurzlebig sind dagegen florale Ikebana-Werke. Dieses Schicksal ist jedoch nicht nur den Werken dieser Kunst beschieden. In anderen Kunstarten gibt es Parallelerscheinungen, verwiesen sei hier nur auf die Musik. In kurzer Zeit ist ein Lied oder eine Komposition verklungen, ist eine Improvisation unwiederbringlich dahin, aber trotzdem war es möglicherweise ein Kunstwerk. Ganz ähnlich ist es mit dem Kunsttanz.

Die Vergänglichkeit bzw. Haltbarkeit des Materials ist kein ausschlaggebendes Kriterium für das Entstehen eines Werkes. Kunst ist in ihren Materialien nicht von vornherein beschränkt. In Anlehnung an Diemer läßt sich sagen, daß grundsätzlich jedes Material Träger der Kunst sein kann. Immer wieder neue Materialien, wie Film, Licht, Blumen, kommen hinzu.[33] Die Dauerhaftigkeit des Materials ist ohnehin stets relativ. Die Zeichnung bzw. Photographie eines Ikebana-Werkes sind im Ikebana, was das Notenblatt bzw. die Schallplatte in der Musik, Choreographie und Bildaufzeichnung beim Kunsttanz sind. Dem Schaffenden geht es in erster Linie nicht darum, ein unvergängliches Werk zu gestalten, sondern sich und seine Idee mit Hilfe dieses Materials auszudrücken.

Mit steigendem Ikebana-Können gewinnt das eigene Motiv oder gar eine darzustellende Idee an Bedeutung. Wie schon erwähnt, hatte Rikka das Motiv der Landschaft und Shoka das Motiv des Lebens; später traten andere Motivmöglichkeiten hinzu, und lange Zeiten hindurch bestimmten festliegende Motive die Ikebana-Werke. Da man an einen engen Motiv-

bzw. Ideenkreis gebunden war, versuchte man statt dessen den Spielraum der Niveaulage zu nutzen und eine immer höhere Niveaulage der Ideen zu erreichen. Daher wurden die Werke so abstrahiert, daß man das Motiv in ihnen kaum noch erkennen konnte. Allmählich lockerte sich aber die Bindung an einen bestimmten Motiv- bzw. Ideenkreis, und die klassischen Ideen verloren ihre Vorrangstellung.

Im heutigen Ikebana-Gestaltungsprozeß gibt es sehr verschiedene Möglichkeiten, ein Motiv zu finden, und der Kreis der Motive ist praktisch unbegrenzt. Das Motiv, d. h. die Idee kann dem Gestaltungsakt bewußt vorangestellt und mit Hilfe des Materials ausgedrückt werden, oder aber das Material weckt ein Motiv und regt zu einer Idee an. Meist besteht ein korrelatives Verhältnis zwischen Motiv und Material. Oft wird auch die ursprüngliche Idee im Gestaltungsakt geändert, bedingt durch die Grenzen und Möglichkeiten des Materials oder durch die »innere Notwendigkeit«. Selbst ohne bewußtes Motiv, ohne eine vorher klar fixierte Idee kann ein Ikebana-Werk geschaffen werden, allein aus dem Formbedürfnis und inneren Antrieb heraus. Das Motiv offenbart sich während des Gestaltungsprozesses, oder aber das Motiv wird erst im beendeten Werk erkannt.

Material, Können, Motiv oder Idee sind Bedingungen für die entsprechende Form. Das Ganze aber ist mehr als die Summe der Teile. Allein das technische Können, allein das Material, allein das Motiv bzw. die Idee als solche machen die Anordnung noch nicht zu einer vollendeten Form. Das ergreifendste und schönste Motiv hilft nichts, wenn nicht ein entsprechendes Material und eine entsprechende Gestaltungstechnik gefunden werden. Solche Ikebana-Werke wirken lächerlich und gekünstelt. Auch umgekehrt helfen das schönste Material und die vollkommenste Gestaltungstechnik nichts, wenn zu ihnen nicht zusätzlich ein geistiges Element hinzutritt. Wenn die innere Sachgesetzlichkeit, die Hintergründe der Wirklichkeit fehlen, ist die Form leer, ist es nur ein Zusammenfügen von Blüten und Zweigen. Ikebana sucht mehr als nur die Abbildung der vordergründigen Wirklichkeit, mehr als nur die Darstellung des Materials: Ikebana sucht, was dahintersteckt, Lützeler hat es »Wahrheit« genannt.[34] Dies erfordert auch für das Ikebana-Werk eine »innere Entsprechung« der einzelnen Elementarbedingungen zueinander, eine »Stimmigkeit« des ganzen Werkes. »Wahrheit«, als die Tiefe des Seins, muß in der Anordnung zum Ausdruck kommen. Der Künstler sieht etwas, was bislang so noch nicht erkannt bzw. erlebt wurde. Unter diesem Anspruch steht auch das Ikebana-Werk. Die Wahrheitsaussage muß klar und eindringlich sein. Nur durch äußerste Sparsamkeit der Mittel wird dies erreicht. »Wahrhaftige« Einfachheit zu erreichen, ist sehr schwer. Seami sagt: »Es gibt eine mündliche Überlieferung: Schwierigkeit und Leichtigkeit sind ein und dieselbe Sache«.[35] Daher verbirgt sich sehr oft gerade hinter einem besonders überzeugend, leicht und einfach anmutenden Ikebana-Werk schwerste Arbeit und höchstes Können.

Zur Wahrheitssuche ist der Ikebana-Schaffende auf die Wirklichkeit, besonders auf die Natur verwiesen. Daher muß dem Ikebana-Werk ein genaues Naturstudium vorausgehen, ehe man mit wenigem Material etwas erformt. Der kleinste Gegenstand der Natur ist eine Welt für sich. Jeder kennt die phantastischen Wolkenformen, Schattengebilde, Bewegungen und Formen der Menschen, der Tiere, der Pflanzen. Wenn ich von meinen Spaziergängen, Ausflügen und Reisen heimkehre, bringe ich Pflanzenmaterial, Gefäße, Steine, Baumwurzeln, Holz, Tierknochen usw. mit, all die Dinge, die meine Aufmerksamkeit erregten oder einen Einfall anzuregen vermochten. Ich lasse mich zu verschiedenen Ideen und deren Formen durch Natur und Technik inspirieren. Ist man nicht schauend in die Natur eingedrungen, ist die Gefahr besonders groß, daß Werke gekünstelt, unecht wirken. Insbesondere muß man einen Blick für das Verhältnis zwischen dem Einzelnen und dem Ganzen gewinnen, sonst werden die Anordnungen auf der Stufe einer bloßen Addition von Einzelteilen bleiben, von denen jedes für sich zwar durchgeformt sein kann, aber die integrierende Dynamik, die die Einzelteile zusammenschließt, fehlt.

Formen hervorbringen heißt, das Verborgene ins Werk setzen. Der Weg dahin ist schwer, oftmals bitter. Gerade was am fertigen Ikebana-Werk wie selbstverständlich erscheint, ist meist nicht das Geschenk einer ersten Eingebung.

Wirkkräfte des Ikebana

Wer Ikebana-Werke schafft, ist von seinem Metier erfaßt, geprägt und ist von Ikebana fasziniert. Meist ist es das »Blumenhaftige«, das von ihm Besitz ergriffen hat, und die Eigenart des Materials, die ihn anregt. Für ihn ist Ikebana ein Zugang zur plastisch-bildenden Kunst überhaupt, und es ist ihm an sich gleichgültig, ob Ikebana in diesem Rahmen als eigene Kunstart Anerkennung findet oder nicht. Er kann Ikebana auf höherem Niveau nur aus dem Geiste der Kunst heraus betreiben, und er hat mit seinem Schaffen teil an der Problematik der Kunst in der Gegenwart. Er weiß sich gestützt auf die lange Kunsttradition des Ikebana.
Die Tradition des Ikebana kann freilich auch dazu verführen, im traditionellen Ikebana, besonders im sogenannten klassischen Ikebana das »wahre« Ikebana zu sehen und alle neueren Tendenzen als dem Ikebana unangemessen abzutun. Dann hätte Ikebana nur noch Erbauungswert und historischen Wert. Dies führt zu einer für jede Kunst gefährlichen Dogmatisierung, Erstarrung und allmählichen Entfremdung. Ebenso bedenklich wäre es, wollte man in Überspitzung moderner Tendenzen völlig traditionslos werden, von allem Erlernen der Grundgesetzlichkeiten und Grundmodelle absehen und nur alles der persönlichen Kreativität überlassen. Hier drohen Verfremdung, Originalität um jeden Preis mit der Gefahr baldiger Erschöpfung und der Verlust eines sicheren Fundamentes, auf dem immer höhere Stufen basieren. Will man nicht den Extremen verfallen, steht man im Ikebana zwischen Bindung und Freiheit, wobei den einen mehr die Bindung,

den anderen mehr die Freiheit beglücken oder schrecken wird, bis er allmählich einen Standort gewinnt, der über dieser Antithese liegt, bis es ihm nur noch um die Sache, um die Wahrheit geht, für die alles andere untergeordneten Mittel- bzw. Basischarakter hat.

Die aus dieser Einstellung geschaffene Einheit von Formtrieb, Idee und Mittel ist nicht nur etwas, das den Schaffenden fasziniert und ihn zuweilen glauben läßt, daß gar nicht er dieses Werk hervorgebracht hat, sondern auch etwas, das sich auf den Betrachter des Werkes übertragen und als das »Unbekannte« fasziniert in den Bann schlagen kann.

Wenn das Unsichtbare im Werk schaubar gemacht ist, dann wird der Betrachter hineingenommen in eine Situation, nicht in eine statische, sondern in eine dynamische, d. h. in eine von innen heraus in Bewegung befindliche und bewegende Situation. Das Ikebana-Werk gibt oft schon allein durch die eigene Stimmungszone seines Materials den Anstoß zu einer inneren Bewegung beim Betrachter. Immer wieder erlebt man es, daß gerade Ikebana manchem überhaupt erst einen tieferen Zugang zur ästhetischen Dimension erschließt. Ikebana vermag mit seinen Mitteln bzw. Ausdrucksmöglichkeiten bei manchem den Sinn auf das Hintergründige der Wirklichkeit zu lenken. Es löst viele aus der Bindung und dem Druck des täglichen Daseins. In einer Zeit, in der der Mensch das Formbewußtsein verfeinert hat, wo Menschen nach dem Wesentlichen suchen und nach Möglichkeiten der Verinnerlichung, käme dem Ikebana eine besondere Bedeutung zu, weil das moderne Ikebana gerade auf folgende drei Dinge Wert legt:

Klarheit der Form, Ausdruck des Wesentlichen, Einbezug des Meditativen, –

und weil es eben hierzu ein Material bevorzugt, das viele Menschen ganz besonders anspricht.

Die Ikebana-Werke sprechen nicht mythisch, d. h. die Anordnungen und die einzelnen Zweige und Blüten entsprechen

25 Spinne

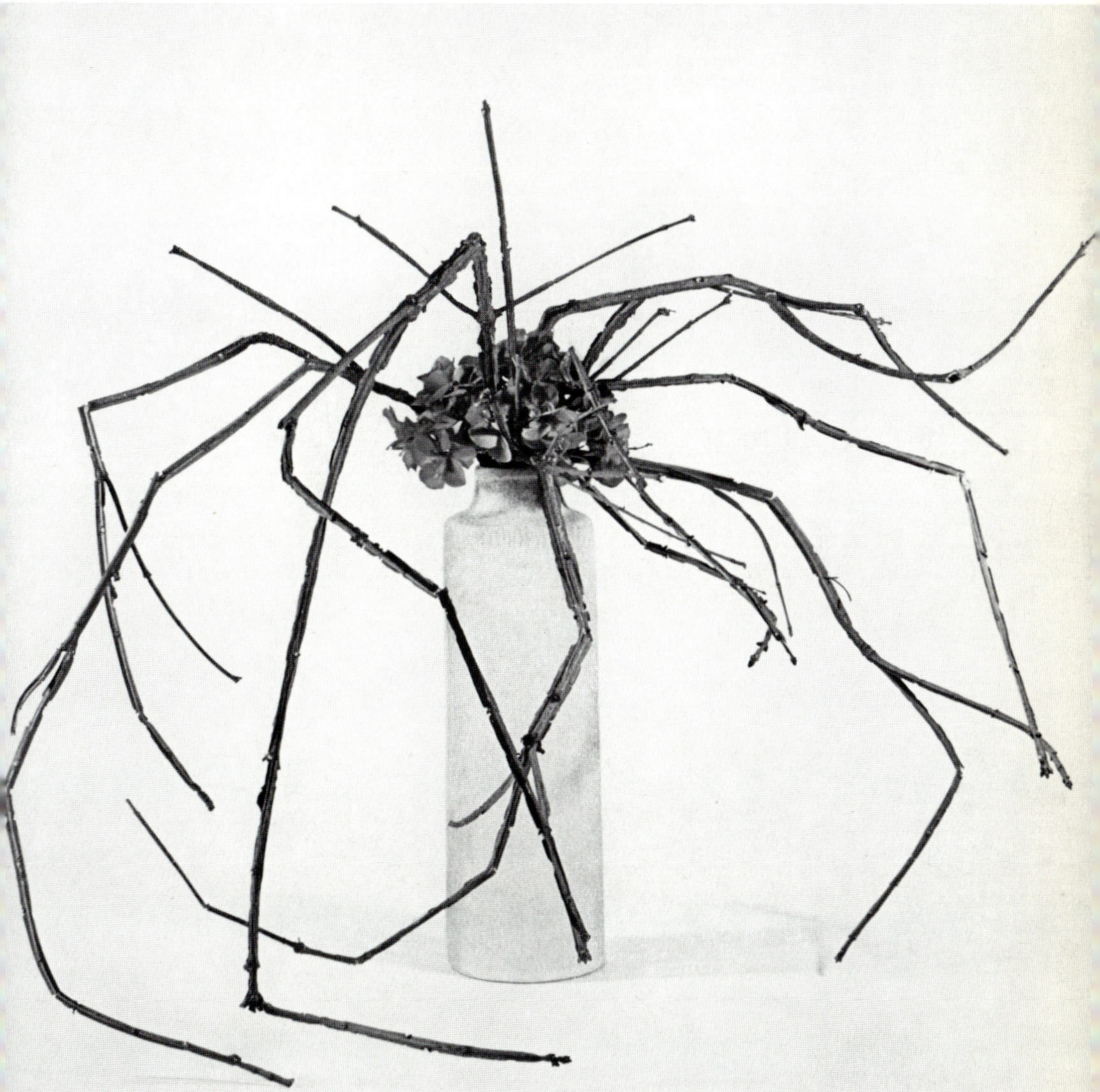

26 Ekstatisch

27 Herbstwald

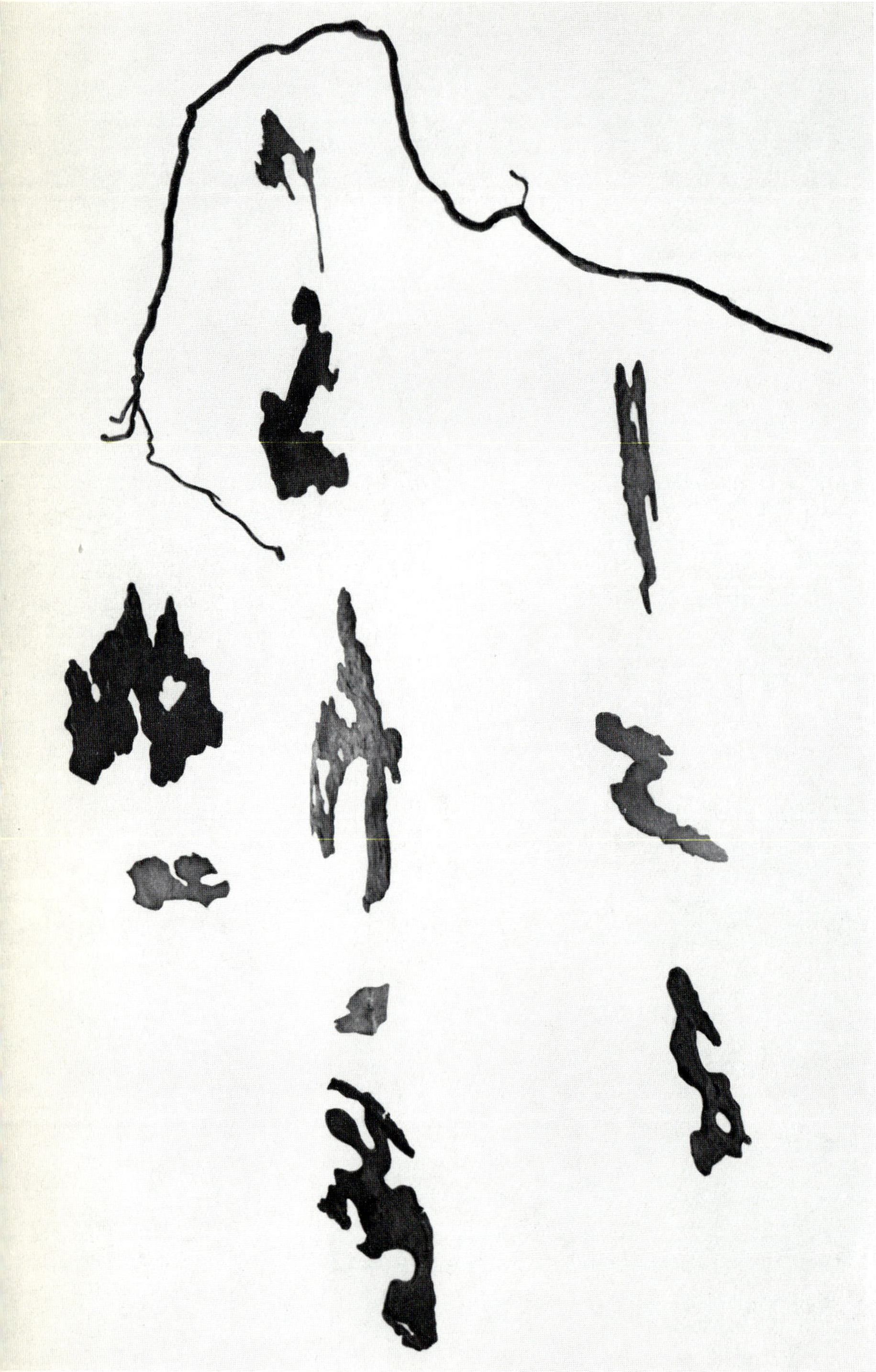

28 Mobile

29 Ekstatischer Tanz

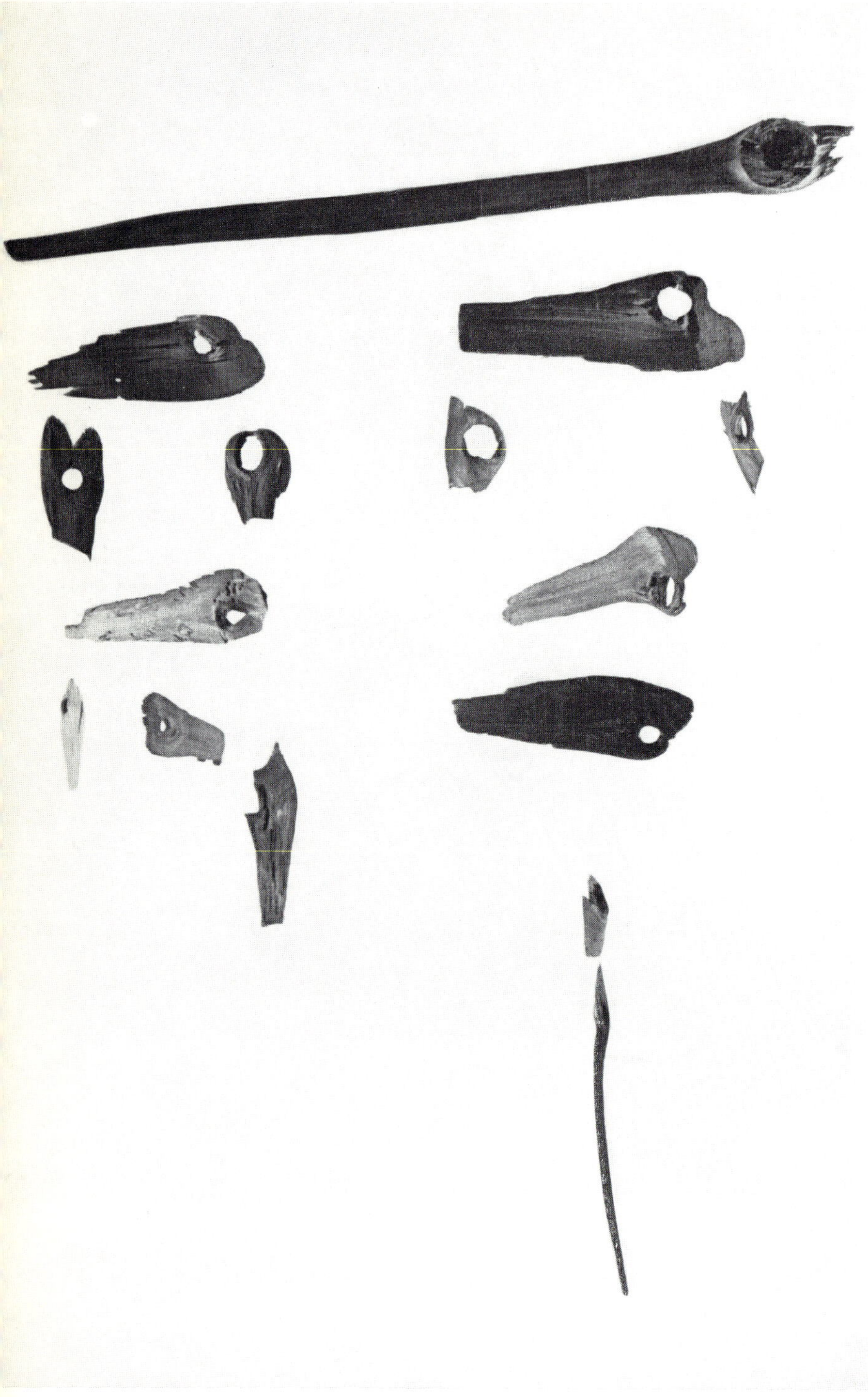

30 Mobile

31 Träumerei

32 Raubvogel

nicht festen Symbolen. Beispielsweise steht eine rote Rose nicht für die Liebe, der längste Zweig steht nicht für den Himmel und der kürzeste Zweig nicht für die Erde usw. Ikebana-Kunstwerke wollen weder durch die Fremdartigkeit oder durch japanischen Ursprung dieser Kunst noch durch Extravaganz oder Auswahl exotischen und besonders kostbaren Materials beeindrucken. Die »Objekte« wollen für sich selbst sprechen.

Hinter den Werken steht als Ikebana-Grundprinzip das »Blumenhaftige« und als Hilfsprinzip das ungleichseitige Dreieck, das eine asymmetrische Gestaltung bewirkt. Entscheidend ist, daß ein Werk geschaffen wird mit Hilfe der künstlerischen Ausdrucksmittel Linie, Fläche, Raum in Verbindung mit der Farbe und der Stimmungszone des Materials mit dem Ziel, all dies in einen möglichst verständlichen Ausdruck zu fassen. Ikebana-Werke schaffen nicht Volumina, sondern Räume. Man könnte sie als integrierende (durchsichtige) Skulpturen bezeichnen, die die Elemente im Raum zusammenschließen. Die Anordnung kann nur eine ausgearbeitete Frontal-Seite, aber auch zwei, drei und vier ausgearbeitete Seiten besitzen. In Abbildungen von Ikebana-Werken kommt die Dreidimensionalität nur bedingt zum Tragen. Sie geben nur eine ungefähre Vorstellung von der Wirkung einer »wirklichen« Ikebana-Skulptur. Auch die Wirkung dieser Skulptur im Raum und auf den Raum entfällt bei der Abbildung. Aber durch das Bild sind sie allzu rascher Vergänglichkeit entzogen und wiederholter Betrachtung in großen Zeitabständen zugänglich.

Themen bzw. Titel eines Werkes drücken stets nur annäherungsweise das aus, was man sagen will. Sie sollen nur Hilfsmittel (Schlüssel) sein, um den Betrachter, der sich solcher Hilfsmittel bedienen möchte, zum Werk zu führen. Für den anderen sollen die Werke auch in dieser Hinsicht für sich allein sprechen, für ihn sind Themen und Titel überflüssig oder gar hinderlich.

Anmerkungen zu den Abbildungen

Abbildungen im Text

1 *Rekonstruierte Landschaft*
Nach einer Vorlage aus:
Alfred Koehn, The way of Japanese flower arrangement,
Boston-Houghton 1934

2 *Rikka*
Aus: Norman J. Sparnon,
Japanese Flower Arrangement – Classical and Modern, 6. Aufl.,
Tokyo 1965

3 *Chabana von Lucille Davis*
Aus: Ikebana International Nr. 14

4 *Shoka von Norman Sparnon*
Aus: Norman J. Sparnon,
Japanese Flower Arrangement – Classical and Modern, 6. Aufl.,
Tokyo 1965

5 *Nageire, Autumn-time von Houn Ohara*
Aus: Ikebana International Nr. 13

6 *Non-florales Ikebana von Sofu Teshigahara*
Grafik angefertigt nach einem Kunstwerk

Abbildungen auf Tafeln

a) farbig

1 *Tänzerische Pose*
Chalcedon-Steingefäß
Roßkastanie
(Aesculus hippocastanum)

2 *Ruhe*
Holzgefäß von Brigitte Baumgardt
Bartiris (Iris Barbarta)

3 *Windspiel*
Keramik von Eisenbach, Köln
Fichte (Picea abies) mit Bartflechten (Usnea), Spinnenchrysanthemen (Chrysanthemum)

4 *Zukunftsvision*
Keramik von Eisenbach, Köln
Peddigrohr, Rosen, Esche (Fraxinus excelsior)

5 *Besentanz*
Japanische Keramik
Chrysantheme, Ginster (Cytisus scoparius)

6 *Gedanken I*
Keramik von Lösche, Dießen a. A.
Alpenrose (Rhododendron ferrugineum), Flammenblume (Phlox paniculata)

7 *Gedanken II*
Japanische Keramik
Rotbuche (Fagus sylvatica),
Taglilie (Hemerocallis flava)

8 *Schwere des Herbstes*
Französische Keramik
Sonnenblumenfrüchte und -blüte (Helianthus annuus)

9 *Muße*
Chalcedon-Steingefäß
Blasentang (Fucus vesiculosus),
Feuerlilie (Lilium bulbiferum)

10 *Wegweiser*
Deutsche Keramik
Graugrüne Binsen (Juncus inflexus), Jachmans Waldrebe (Clematis jackmanii)

11 *Zärtliche Gefühle*
Keramik von H. Sperl, München
Korkenzieherhasel (Corylus avellana contorta), Rosen

12 *Strebungen*
Keramik von Eisenbach, Köln
Esche (Fraxinus excelsior),
Sonnenblume (Helianthus annuus)

13 *Ideen*
Keramik von H. Sperl, München
Kugelweide (Salix purpurea »Nana«), Taglilie (Hemerocallis flava)

14 *In Erwartung*
Sizilianisches Kupfergefäß
Schlehe (Prunus spinosa),
Trompeten-Narzisse (Narcissus pseudonarcissus)

15 *Geneigtheit*
Keramik von Eisenbach, Köln
Gemeiner Schneeball (Viburnum opulus)

16 *Gestern*
Keramik von Eisenbach, Köln
Eberesche (Sorbus aucuparia),
Rosen

17 *Leichte Last*
Keramik von Eisenbach, Köln
Korkenzieherhasel (Corylus avellana contorta), Flammenblume (Phlox paniculata)

18 *Lebenskampf*
Keramik von Eisenbach, Köln
Schwarzkiefer (Pinus nigra austriaca)

19 *Alte Verbundenheit*
Keramik von Eisenbach, Köln
Schwarzkiefer (Pinus nigra austriaca),
Pelargonie (Pelargonium)

20 *Gelassenheit*
Keramik von Eisenbach, Köln
Gemeine Kiefer (Pinus sylvestris),
Gartenchrysantheme (Chrysanthemum, Indicum-Hybride)

21 *Klang eines Gefäßes*
Keramik von Eisenbach, Köln
Liguster (Ligustrum vulgare),
Iris Hollandica

22 *Gruppierung*
Rosenthal-Porcelaine noire,
Tiefrelief-Entwurf: Martin Freyer, Düsseldorf
Alpenrose (Rhododendron ferrugineum)

23 *Morgen*
Sizilianisches Steingefäß
Schlehe (Prunus spinosa),
Pelargonie

24 *Novemberig*
Keramik von Lösche, Dießen a. A.
Schlehe (Prunus spinosa),
Flamingoblume (Anthurium)

b) schwarz-weiß

25 *Spinne*
Keramik von Lösche, Dießen a. A.
Korkpfaffenhütchen (Euonymus alatus), Pelargonie

26 *Ekstatisch*
Deutsches Kupfergefäß
Besenheide (Calluna vulgaris)

27 *Herbstwald*
Relief-Ausschnitt, Gips und Holz

28 *Mobile*, Holz

29 *Ekstatischer Tanz*
Stahl, galvanisiert mit Kupfer

30 *Mobile*, Holz

31 *Träumerei*
Deutsches Kupfergefäß
Fichte (Picea abies), Besenheide (Calluna vulgaris), Weißmoos (Leucobryum glaucum)

32 *Raubvogel*, Lärchenholz

Anmerkungen zum Text

[1] Aus: Ritchie-Weatherby, Ikebana – die japanische Blumenkunst, S. 224
[2] Vgl. Tsudzumi, Die Kunst Japans, S. 68
[3] Vgl. Ohi, History of Ikebana, S. 29
[4] Vgl. Yashiro-Swann, Japanische Kunst, S. 20
[5] Vgl. Tsudzumi, Die Kunst Japans, S. 68f.
[6] Vgl. Tsudzumi, Die Kunst Japans, S. 69
[7] Vgl. Wood, Flower Arrangement Art of Japan, S. 1
[8] Vgl. Yamata, Altjapanisches Blumenbuch, S. 6
[9] Vgl. Ohchi, Die Kunst des Blumenarrangements in Japan, S. 14
[10] Vgl. Ritchie-Weatherby, Ikebana – die japanische Blumenkunst, S. 12 u. 55
[11] Siehe Anm. 10
[12] Vgl. Yashiro-Swann, Japanische Kunst, S. 26
[13] Siehe Anm. 12
[14] Vgl. Carr, Ikebana, S. 32; Schaarschmidt-Richter, Ikebana, Japanische Blumenkunst, S. 6
[15] Vgl. Carr, Ikebana, S. 32f.
[16] Vgl. Carr, Ikebana, S. 32; Tsudzumi, Die Kunst Japans, S. 79f.
[17] Vgl. Tsudzumi, Die Kunst Japans, S. 17
[18] Vgl. Ohara, Everyone's Flower Arrangement, S. I; Schaarschmidt-Richter, Ikebana, Japanische Blumenkunst, S. 14
[19] Siehe Anm. 18
[20] Vgl. Ohara, Everyone's Flower Arrangement, S. IIIff.
[21] Vgl. Teshigahara, Ikebana, S. 3f.
[22] Eine ausführliche Betrachtung hierzu findet sich in Baumgardt, Ikebana – eine Kunst, S. 6ff.
[23] Vgl. Baumgardt, Ikebana – eine Kunst, S. 5f. und 49
[24] Vgl. Diemer, Grundriß der Philosophie, Bd. 2, S. 306
[25] Vgl. Kandinsky, Über das Geistige in der Kunst, S. 71ff.
[26] Vgl. Tsudzumi, Die Kunst Japans, S. 83f.
[27] Lützeler, Führer zur Kunst, S. 160f.
[28] Vgl. Doesburg, Grundbegriffe der gestaltenden Kunst, S. 22
[29] Vgl. Lützeler, Wege zur Kunst, S. 148
[30] Seami, zitiert nach Wuthenow-Kamakura-Shi, Über den Geist der japanischen No-Tradition, Seami – Überlieferung der Blüte, S. 20
[31] Siehe Anm. 29
[32] Vgl. Lützeler, Wege zur Kunst, S. 199
[33] Vgl. Diemer, Grundriß der Philosophie, Bd. 2, S. 335f.
[34] Lützeler, Wege zur Kunst, S. 139
[35] Seami, siehe Anm. 29

Literaturverzeichnis

Zitierte und weiterführende Literatur:

Baumgardt, Brigitte, *Ikebana – eine Kunst*, München 1968

Carr, Rachel, *Ikebana – Japanese Floral Art – Symbolism, Cult and Practice*, New York–London–Toronto 1961

Davidson, Georgie, in collaboration with Beata Bishop, *Ikebana, the art of Japanese flower arrangement*, London 1967

Diemer, Alwin, Grundriß der Philosophie, Bd. II: *Die philosophischen Sonderdisziplinen*, Meisenheim a. Gl. 1964

Doesburg, Theo van, *Grundbegriffe der gestaltenden Kunst*, hrsg. v. Hans M. Wingler in der Reihe: *Neue Bauhausbücher*, Mainz und Berlin 1966

Evers, Moritz, *Werkformen der Blumenbinderei*, 2. Aufl., Berlin und Hamburg 1960

Gorham, Hazel H., *A history of Japanese flower arrangement*, in: *Ikebana International (Magazine)*, Spring 1957, Nr. 1

Guardini, Romano, *Über das Wesen des Kunstwerks*, 8. Aufl., Tübingen 1962

Herrigel, Gusty L., *Der Blumenweg, eine Einführung in den Geist der japanischen Kunst des Blumenstellens*, 2. Aufl., München–Planegg 1958

Ikenobo, Senei, *Ikenobo School – Best of Ikebana*, aus dem Japanischen ins Englische übersetzt von Yoshimasa Ichikawa, Tokyo 1962

Ishimoto, Tatsuo, *Japanische Blumenkunst* (mit einem Vorwort v. Horst Hammitzsch), übers. v. Emi Ehm aus dem Amerikanischen (A treasury of Japanese flower arrangements), München–Zürich 1960/1967

Kandinsky, Wassily, *Über das Geistige in der Kunst*, 8. Aufl., Bern 1965

Klee, Paul, *Das bildnerische Denken*, hrsg. v. Jürg Spiller in den »*Schriften zur Form- und Gestaltungslehre*«, 2. Aufl., Basel–Stuttgart 1964

Koehn, Alfred, *The way of Japanese flower arrangement*, Boston–Houghton 1934

Lützeler, Heinrich, *Führer zur Kunst*, Freiburg i. Br. 1938/1963

Lützeler, Heinrich, *Wege zur Kunst – Grundlagen der Kunst*, Freiburg i. Br. 1967

Lützeler, Heinrich, *Weltgeschichte der Kunst*, Gütersloh 1960/1966

Neese, Martha P., *Buddhist Influence of Ikebana*, in: *Ikebana International (Magazine)*, Fall-Winter 1964, Nr. 15

Ohchi, Hiroshi, unter Mitarbeit des Ikenobo Institute of Flower Arrangement (Kioto), Ikebana, The Japanese Art of Flower Arrangement – *Die Kunst des Blumenarrangements in Japan*, englischer Text bearbeitet von C. C. Palmer, deutsche Übersetzung von Ida Niggli, 2. Aufl., Teufen AR 1961

Ohara, Houn, *Everyone's Flower Arrangement*, Tokyo 1957

Ohi, Minobu, *History of Ikebana – Best of Ikebana*, aus dem Japanischen ins Englische übers. v. Seiko Aoyawa, Tokyo 1962

O. V., Ikebana – *Die japanische Kunst des Blumenarrangements*, in: *Japan im Spiegel*, Jan. 1967, Nr. 7 – E 3

Pereira, Jenny Banti, *Ikebana – Fiori viventi*, o. O. 1963

Ritchie, Donald u. Meredith Weatherby, (Hrsg.), übers. v. Werner Peterich, *Ikebana – die japanische Blumenkunst*, München–Basel–Wien 1968

Schaarschmidt-Richter, Irmtraut (Hrsg.), *Ikebana, japanische Blumenkunst – Meisterwerke japanischer Blumenkunst mit einer Anleitung zum Blumenstellen*, Frankfurt a. M. 1962

Schaarschmidt-Richter, Irmtraut, *Meister des Gras-Mond-Stiles, Sofu Teshigahara und seine Kunst an Blüten, Stein und Metall*, in: FAZ 1965, Nr. 151

Sparnon, Norman J., *Japanese Flower Arrangement* – Classical and Modern, 6. Aufl., Tokyo 1965

Sparnon, Norman J., *Ikebana, Schools and Styles*, in: *Ikebana International (Magazine)*, Spring 1961, Nr. 8

Sudheimer, Hellmuth, *Ikebana, Kunst des Blumensteckens mit einheimischen Pflanzen*, Berlin und Hamburg 1963

Swann, Peter C., *Japan von der Joman- zur Tokugawa-Zeit*, Bd. aus: *Kunst der Welt*, aus dem Englischen übers. v. Irmtraut Schaarschmidt-Richter, Baden-Baden 1965

Teshigahara, Sofu, *Ikebana*, Tokyo 1962

Tsudzumi, Tsuneyoshi, *Die Kunst Japans*, hrsg. v. Japan-Institut in Berlin, Leipzig 1929

Wood, Mary Cokely, *Flower Arrangement Art of Japan*, 2. Aufl., Tokyo 1952/1964

Wuthenow, Ralf Rainer, und Kamakura-Shi, *Über den Geist der japanischen No-Tradition, Seami – Überlieferung der Blüte*, in FAZ 1965, Nr. 104

Yamata, Kikou, *Altjapanisches Blumenbuch*, Bd. 27 der Reihe Orbis pictus, Bern und Stuttgart o. J.

Yashiro, Yukio, und Peter Swann, *Japanische Kunst*, übers. aus dem Englischen (2000 Years of Japanese Art) v. Roger Goeper, München–Zürich 1958